BEI GRIN MACHT SICH IHR WISSEN BEZAHLT

AF139943

- Wir veröffentlichen Ihre Hausarbeit,
  Bachelor- und Masterarbeit

- Ihr eigenes eBook und Buch -
  weltweit in allen wichtigen Shops

- Verdienen Sie an jedem Verkauf

Jetzt bei www.GRIN.com hochladen und kostenlos publizieren

GRIN

Bibliografische Information der Deutschen Nationalbibliothek:

Die Deutsche Bibliothek verzeichnet diese Publikation in der Deutschen National-
bibliografie; detaillierte bibliografische Daten sind im Internet über http://dnb.d-
nb.de/ abrufbar.

Impressum:

Copyright © 2013 GRIN Verlag
Druck und Bindung: Books on Demand GmbH, Norderstedt Germany
ISBN: 9783668875517

Christian Summerer

Hopfverzweigung angewendet auf das Kaldor Modell

Kaldor Business Cycle Model

GRIN Verlag

Hopf-Verzweigungstheorie angewendet auf das Kaldor Business Cycle Modell

Bachelorarbeit

von

Christian Summerer

Universität zu Köln

Studiengang Mathematik

Verwendete Notationen

Um die Arbeit flüssiger lesen zu können, sollte der Leser sich mit folgenden Notationen vertraut machen.

I - wird verwendet für die *Investitionen*, die eine Funktion von Y und K repräsentieren

Y - wird allgemein als *Einkommen* verwendet

K - bezeichnet den *Kapitalstock*

S - wird verwendet für *Sparen*, ebenfalls als eine Funktion zu verstehen, die von Y abhängt

f_x - mit dieser Notation ist - wenn nicht anders angegeben - die partielle Ableitung einer Funktion f (hier nach x) gemeint

δ - Abschreibungsrate (positiv und konstant angenommen)

Inhaltsverzeichnis

Abbildungsverzeichnis

Einführung

In der Ökonomie waren Anfang der 1940er Jahre so genannte BUSINESS CYCLE MODELLE in der *keynsianistischen* Wirtschaftsbetrachtung von Interesse. Während die heutige Makroökonomie aufgrund des Aggregationsproblems[1] eine Mikrofundierung sowie die NEW KEYNESIANS eine Erweiterung in Form der REAL BUSINESS CYCLE THEORY[2] vornimmt, war die damalige Ansicht diejenige, über derartige Modelle die herrschenden Konjunkturzyklen zu erklären. Für den Nachweis existierender Zyklen in ihren dynamischen Modellen, d.h. periodischer Lösungen in einem nichtlinearen System, konnten sich die Ökonomen später eines sehr bekannten Phänomen aus der Verzweigungstheorie, der HOPF-VERZWEIGUNG , bedienen und unter gewissen Bedingungen (bzw. Annahmen an ihre wirtschaftlichen Funktionen in diesen Modellen) , über diese Theorie die Existenz jener Zyklen lokal nachweisen.

In dieser Bachelorarbeit möchte ich zunächst in **Abschnitt 1** den grundlegenden Rahmen der HOPF-Verzweigungstheorie knapp erarbeiten, der u.a. für die Analyse dieser BUSINESS CYCLES MODELLE benötigt wird. Hierbei werde ich die HOPF-VERZWEIGUNG in zwei *Arten* unterteilen und Existenz sowie Stabilitätsaussagen der periodischen Lösung präsentieren und ein Beispiel betrachten.

Im **2. Abschnitt** wende ich die aus **Abschnitt 1** bereit gestellte Theorie auf das bekannte BUSINESS CYCLE MODELL von KALDOR[3] an und prüfe, ob ich ohne Kenntnis der im ökonomischen System benötigten wirtschaftlichen Funktionen Aussagen über Existenz und Stabilität eines Zyklusses treffen kann bzw. welche Annahmen hierfür vorgenommen werden müssen. Man kann sich dann fragen, wie diese Funktionen - ökonomisch sinnvoll - gewählt werden können, so dass alle Modellannahmen weiterhin erfüllt sind.

Dafür führe ich in **Abschnitt 3** eine Simulation durch, die mit Hilfe des Programms XPP-AUT erstellt wurde und der ich den frei wählbaren Systemparameter α - in einem wirtschaftlich **sinnvollen** Intervall - variiere und das System mit vorgegebenen Funktionen betrachte. Anhand dieser Simulation möchte ich dann den Typ der HOPF-VERZWEIGUNG durch das Verzweigungsdiagramm in AUTO klassifizieren können, gemäß der Definition aus **Abschnitt 1** und evtl. kritische Stellen, an denen sich das Verhalten des Modells wieder ändert, erkennen, sowie die Perioden*länge* angeben können. Meine Vorgehensweise hierbei wird im **Anhang I** knapp erläutert.

Zum Schluss gebe ich ein kurzes Fazit zu meinen Ergebnissen ab und verweise auf Schwächen/Erweiterungen dieses - inzwischen (aus heutiger makroökonomischer Sicht) überholten - Modells.

---

[1] DAS Unternehmen, DER Haushalt usw.
[2] vgl. McCandless, G. (2008).
[3] Dieses Modell wurde in diversen Varianten vielfach untersucht, z.B. in [3] oder [12].

1 Die HOPF[4]-Verzweigung

Betrachtet werden *Dynamische Systeme*, die abhängig von einem Parameter sind. Ziel ist es, das (qualitative) Verhalten des Systems in Abhängigkeit des Parameters zu studieren, da Änderungen dieses Parameters zu neuem Verhalten des gegebenen Systems führen können. Hierfür reduziert sich die Betrachtung auf den *nichthyperbolischen*[5] Fall, da die anderen Fälle für die weitere Arbeit keine Rolle spielen werden. Dabei wird zunächst nur die planare Situation betrachtet ; jedoch sind diese Ergebnisse auch auf höhere Dimensionen übertragbar. Die rechte Seite des zu betrachtenden Systems sei dabei im Folgenden für **Abschnitt 1** stets *genügend oft differenzierbar*, insbesondere auch in der Umgebung der(s) Fixpunkte(s).

1.1 Aufkommen der HOPF-Verzweigung

Angenommen, die folgende Situation liege vor: $\dot{\mathbf{x}} = \mathbf{f}(\mathbf{x}, \mu)$, $\mathbf{x} \in \mathbb{R}^2$, $\mu \in \mathbb{R}$ und $\mathbf{f}(\mathbf{0^T}, 0) = \mathbf{0}$, d.h. ohne Einschränkung[6] sei $(0, 0, 0)$ ein Fixpunkt des Systems. Die Jacobi-Matrix $\mathbf{J_f}$ habe die Eigenschaft, dass sie Eigenwerte $\lambda(\mu) = \hat{\alpha}(\mu) \pm i\beta(\mu)$ hat, für die $\hat{\alpha}(0) = 0$ und $\beta(0) \neq 0$ gilt. Weiter sei $\frac{\partial\hat{\alpha}}{\partial\mu}(\mu)|_{\mu=0} \neq 0$. Dann besitzt das betrachtete System eine HOPF-Verzweigung und $(\mathbf{x}^0, \mu^0) = (0, 0, 0)$ nennt man den Hopfverzweigungspunkt. Diese HOPF-Verzweigung ist ein Phänomen, welches nur bei nichtlinearen Systemen der Dimension $n \geq 2$ erscheint. Anhand eines Prototypbeispiels soll ein Überblick verschafft werden, welche Gestalt eine solche Verzweigung annehmen kann.

1.1.1 Ein akademisches Beispiel

Beispiel. Betrachte das zweidimensionale System

$$\begin{aligned}
\dot{x}_1 &= -x_2 + x_1(\mu + a(x_1^2 + x_2^2)), \\
\dot{x}_2 &= x_1 + x_2(\mu + a(x_1^2 + x_2^2))
\end{aligned} \tag{1.1}$$

mit Parameter $\mu \in \mathbb{R}$ und sei $a \in \mathbb{R}$. Hängt das qualitative Verhalten von (1.1) vom Vorzeichen von a ab?

---

[4]benannt nach dem österreichisch-amerikanischen Mathematiker *Eberhard Hopf* (1902-1983)

[5]*Definition* (nichthyperbolischer Fixpunkt): Ein Fixpunkt heißt *nichthyperbolisch*, wenn das linearisierte System mindestens einen Eigenwert λ_i besitzt, mit $Re(\lambda_i) = 0$.
Bemerkung zu dieser *Definition* : Im Falle eines nichthyperbolischen Fixpunktes liegt einer der Fälle vor:
a) $\exists! i : Re(\lambda_i) = 0$, $Re(\lambda_j) \neq 0$ für alle $j \neq i$
b) Es existiert ein Paar komplex konjugierter Eigenwerte mit verschwindendem Realteil und Imaginärteil ungleich Null.

[6]Ist $(\mathbf{x}_0, \mu_0)$ ein Fixpunkt, kann die Transformation $\tilde{\mathbf{x}} = \mathbf{x} - \mathbf{x}_0$, $\tilde{\mu} = \mu - \mu_0$ benutzt werden, um das System $\dot{\tilde{\mathbf{x}}} = \mathbf{f}(\tilde{\mathbf{x}}, \tilde{\mu})$ mit $\mathbf{f}(\mathbf{0^T}, 0)$ zu erhalten.

Unabhängig von μ (bzw. a) ist $(x_{1e}, x_{2e}) = (0,0)$ der einzige Fixpunkt von (1.1), da

$$\dot{x}_1 = 0 \Rightarrow x_2 = x_1 \left(\mu + a\left(x_1^2 + x_2^2\right)\right) \text{ und somit}$$

$$\dot{x}_2 = 0 \Leftrightarrow x_1 + x_1 \left(\mu + a\left(x_1^2 + x_2^2\right)\right)^2 = x_1 \left(1 + \left(\mu + a\left(x_1^2 + x_2^2\right)\right)^2\right) = 0$$

impliziert, dass $x_1 = 0$ und damit auch $x_2 = 0$ als einzige mögliche Lösung für die Fixpunktbedingung.

Zur weiteren Analyse wird die Jacobi Matrix der rechten Seite von (1.1) bestimmt, welche

$$\mathbf{J}\left(x_1, x_2\right) := \begin{pmatrix} \mu + 3ax_1^2 + ax_2^2 & -1 + 2ax_1 x_2 \\ 1 - 2ax_1 x_2 & \mu + 3ax_2^2 + ax_1^2 \end{pmatrix} \tag{1.2}$$

ist, woraus auf

$$\mathbf{J}\left(0,0\right) = \begin{pmatrix} \mu & -1 \\ 1 & \mu \end{pmatrix}$$

geschlossen werden kann. Folglich ist $\operatorname{tr}\mathbf{J}\left(0,0\right) = 2\mu$ und $\det\mathbf{J}\left(0,0\right) = \mu^2 + 1$, so dass sich die Eigenwerte zu

$$\lambda_{1,2} = \mu \pm i$$

ergeben, d.h. $\lambda\left(\mu\right) = \hat{\alpha}\left(\mu\right) \pm i\beta\left(\mu\right) = \mu \pm i$, mit $\hat{\alpha}\left(0\right) = 0$ und $\beta\left(0\right) = 1 \neq 0$. Rein imaginäre Eigenwerte sind also nur für $\mu_0 = 0$ vorhanden. Dieser Wert sei im folgenden als *kritischer Parameterwert* für μ bezeichnet. Wie verhält sich das System lokal um den Ursprung ?

Transformation von (1.1) in Polarkoordinaten ergibt das System

$$\dot{r} = r(\mu + ar^2), \dot{\varphi} = 1. \tag{1.3}$$

Da $\dot{\varphi} > 0$, ist das Stabilitätsverhalten von $\dot{r} = r\left(\mu + ar^2\right)$ um den Fixpunkt $r = 0$ dasselbe wie von (1.1) im (um den) Ursprung. Aus diesem Grund reduziert sich die Stabilitätsanalyse im Folgenden auf die Betrachtung von $\dot{r} = r\left(\mu + ar^2\right)$ und die Ergebnisse hiervon können auf (1.1) übertragen werden.

Durchführung einer Fallunterscheidung für $a \in \mathbb{R}$ liefert:

1. $a = 0 \rightsquigarrow \dot{r} = r\mu$, d.h. (1.1)[7] hat ein *Zentrum* in $(0,0)$ (linearer Fall).

2. $a < 0 \rightsquigarrow$ o.B.d.A. sei $a =: -b$, mit $b > 0 \rightsquigarrow \dot{r} = r\left(\mu - br^2\right)$. Für Lösungen $r = const.$ betrachte $\dot{r} = 0 \Rightarrow r_1 = 0 \vee r_{2,3} = \pm\sqrt{\frac{\mu}{b}}$ $(\mu > 0)$. Für den kritischen Parameterwert $\mu_0 = 0$ gilt für $r > 0$, dass $\dot{r} = -br^3 < 0$ und entsprechend $\dot{r} > 0$ für $r < 0$, d.h. der Ursprung ist ein *stabiler* Fokus. Ist $\mu > 0$, so ist

---

[7] $\begin{pmatrix} \dot{x}_1 \\ \dot{x}_2 \end{pmatrix} = \begin{pmatrix} \mu & -1 \\ 1 & \mu \end{pmatrix} \begin{pmatrix} x_1 \\ x_2 \end{pmatrix} = \mathbf{J}\left(0,0\right) \begin{pmatrix} x_1 \\ x_2 \end{pmatrix}.$

$\dot{r} > 0$ für $r \in (0, \sqrt{\frac{\mu}{b}})$, der Ursprung wird ein *instabiler* Fokus sobald $\mu > \mu_0$.
Für ein beliebiges $\varepsilon \in \mathbb{R}_+$ gilt, dass $\dot{r} < 0$ für $r \in (\sqrt{\frac{\mu}{b}}, \sqrt{\frac{\mu}{b}} + \varepsilon)$.

Es liegt also ein *stabiler* (*anziehender*) Grenzzyklus $\gamma_\mu(t) = \sqrt{-\frac{\mu}{a}}(\cos(t), \sin(t))^T$,
mit $t \in [0, 2\pi]$[8], vor.

3. $a > 0 \rightsquigarrow$ für Lösungen $r = const.$: $\dot{r} = 0 \Rightarrow r_1 = 0 \vee r_{2,3} = \pm\sqrt{\frac{-\mu}{a}}$ ($\mu < 0$).
Für den kritischen Parameterwert $\mu_0 = 0$ gilt $\dot{r} = ar^3 > 0$ für $r > 0$ und $\dot{r} < 0$
für $r < 0$, d.h. der Ursprung ist ein *instabiler* Fokus. Für $\mu < \mu_0 = 0$ definiere
$-\tilde{\mu} := \mu$ mit $\tilde{\mu} > 0 \rightsquigarrow r_{2,3} = \pm\sqrt{\frac{\tilde{\mu}}{a}}$ bzw. $\dot{r} = r(-\tilde{\mu} + ar^2)$.

Dann gilt für $r \in \left(0, \sqrt{\frac{\tilde{\mu}}{a}}\right)$, dass $\dot{r} < 0$. Für beliebiges $\varepsilon > 0$ gilt, dass

$r \in \left(\sqrt{\frac{\tilde{\mu}}{a}}, \sqrt{\frac{\tilde{\mu}}{a}} + \varepsilon\right) \Rightarrow \dot{r} > 0$, d.h. der Grenzzyklus $\tilde{\gamma}_\mu(t) = \sqrt{-\frac{\mu}{a}}(\cos(t), \sin(t))^T$
ist *instabil* (*abstoßend*).

Konsequenz: Die Stabilität der periodischen Lösung hängt ab vom Vorzeichen von
a; es liegt ein *Zentrum* für $a = 0$ vor, Stabilität für $a < 0$ und Instabilität für
$a > 0$.

In der Analyse zu (1.1) (bzw. (1.3)) sind für die HOPF-Verzweigung nur die Fälle
$a \neq 0$ von Bedeutung, da sonst - in diesem Fall - keine nichtlineare Situation vorliegt.
Es wird zur Klassifizierung die folgende *Definition* eingeführt :

1.1.2 Arten der HOPF-Verzweigung

Definition 1. (*superkritisch/subkritisch*)[9]

Die *superkritische* Hopfverzweigung geht im Verzweigungspunkt $\mu = \mu_0$ von einem
stabilen Fokus in einen *stabilen* Grenzzyklus über; der Fixpunkt wird ein *instabiler*
Fokus.
Die *subkritische* Hopfverzweigung geht im Verzweigungspunkt $\mu = \mu_0$ von einem
instabilen Fokus in einen *instabilen* Grenzzyklus über; der Fixpunkt wird ein *stabiler*
Fokus.

Aus dieser **Definition 1.** wird ersichtlich, dass der superkritische Fall in (1.1) für
$a < 0$ und der subkritische für $a > 0$ vorliegt. Es folgen Visualisierungen für diese
Fälle.

---

[8] $\dot{\varphi} = 1 \Rightarrow \varphi(t) = t + t_0 \overset{t_0=0}{=} t$
[9] vgl. Marx B. , Vogt W. (2011) , p.144.

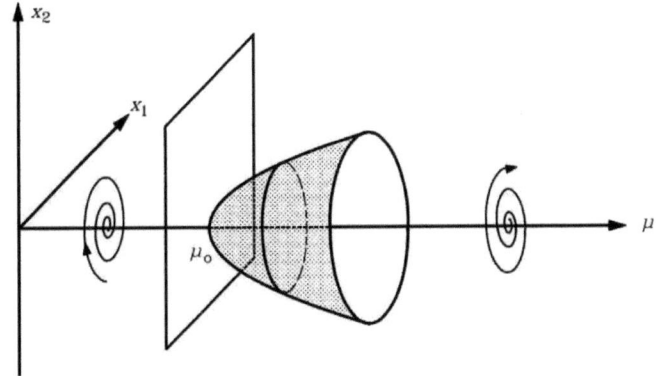

Abbildung 1.1: der superkritische Fall, Quelle: [14], p. 99.

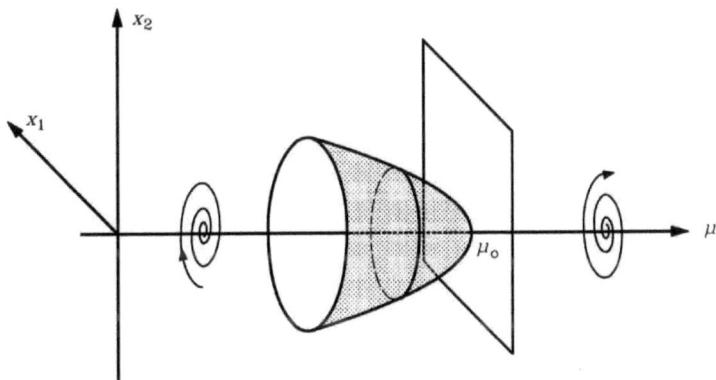

Abbildung 1.2: der subkritische Fall, Quelle: [14], p.98.

Für den Spezialfall $a = -1$ liegt somit für (1.1) eine superkritische Verzweigung vor.
Auch hierzu folgen Bilder.

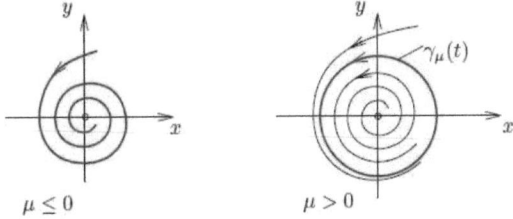

Abbildung 1.3: Phasenportrait für System (1.1) ($a = -1$), Quelle: [15], p. 144.

Als $\mu - r$ Diagramm[10]:

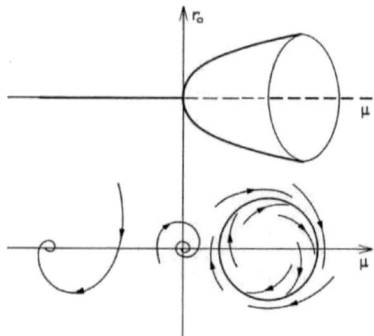

Abbildung 1.4: lokas Verhalten von (1.3) für $a = -1$.

Lokale Verzweigungsdiagramme zu den beiden Fällen können wie folgt aussehen:

Abbildung 1.5: Verzweigungsdiagramm für eine superkritische (links) bzw. subkritische (rechts) HOPF-Verzweigung (Quelle: [18] , p.19).

Das hier betrachtete *akademische* Beispiel hat den grundlegenden Kern der HOPF-Verzweigung schon gut illustriert. Im nächsten Abschnitt wird die Situation nochmals allgemeiner betrachtet.

1.2 Existenz & Stabilität periodischer Lösungen bei einer HOPF-Verzweigung

In (1.1) wurde bereits gesehen, dass sich das Verhalten um die Ruhelage durch Variation des Parameters *drastisch* ändern kann. Es sollen nun zwei Versionen von Sätzen, die in der Literatur auch als SATZ VON HOPF benannt sind, vorgestellt werden, die die Existenz *periodischer Lösungen* lokal um den Verzweigungspunkt sichern. Anschließend soll geprüft werden, wie die Stabilität der *periodischen Lösungen* bestimmt werden kann, d.h. die Bestimmung der *Verzweigungsrichtung*.

---

[10]Quelle: http://www.alexanderrack.eu/bifurkation/7.Hopf.html

1.2.1 Ein Existenzsatz - der Satz von HOPF

Theorem 1. *(Satz von* HOPF, *1942)*[11]
Das System

$$\dot{x} = F(x, \mu), x \in \mathbb{R}^n, \mu \in \mathbb{R}, n \geq 2, \tag{1.4}$$

habe nur einen Fixpunkt x_0^* für den Wert μ_0 des Parameters, für den folgende Voraussetzungen erfüllt seien:

- (H1) Die Jacobi Matrix zu (1.4) , ausgewertet an (x_0^*, μ_0), hat <u>ein</u> Paar rein imaginärer Eigenwerte und keine weiteren Eigenwerte mit Realteil *Null.*

Dann impliziert (H1) , dass eine glatte Kurve von Fixpunkten $(x^*(\mu), \mu)$, mit $x^*(\mu_0) = x_0^*$, existiert. Die komplex konjugierten Eigenwerte $\lambda(\mu)$, $\overline{\lambda}(\mu)$, welche rein imaginär sind für $\mu = \mu_0$, sind stetig differenzierbare Funktionen von μ in einer kleinen Umgebung von μ_0 . Wenn weiter

- (H2) $\frac{\mathrm{d}Re(\lambda(\mu))}{\mathrm{d}\mu}\big|_{\mu=\mu_0} = d \neq 0$ [12] gelte,

dann existieren <u>periodische</u> Lösungen verzweigend von $x^*(\mu_0)$ bei $\mu = \mu_0$ in einer Umgebung von (x_0^*, μ_0) und die Periode der Lösungen ist nahe bei $\frac{2\pi}{\beta_0}$ $(\beta_0 = \lambda(\mu_0)/i)$.

Bemerkung zu **Theorem 1.**: Die hier dargelegte Version ist etwas verkürzt, beinhaltet aber die wesentlichen Punkte, die in **Abschnitt 2** benötigt werden zum Nachweis von Konjunkturzyklen.

Bemerkung. Durch eine Erhöhung von $\mu < \mu_0$ auf $\mu > \mu_0$ wechselt der Fixpunkt seine Stabilität, da sich das Vorzeichen des Realteils verändert. Der Wechsel der Stabilität wird gewöhnlich mit dem Erscheinen/Verschwinden eines periodischen Orbit begleitet, welcher den Fixpunkt umkreist. Dies konnte bereits in Abbildung 1.3 beobachtet werden.

Eine weitere zweidimensionale Version dieses Satzes, bei der die rechte Seite des Systems die folgende *Voraussetzung* hat, sieht folgendermaßen aus [13]:

Voraussetzung: Sei das System (bereits) in der Form

$$\begin{pmatrix} \dot{x} \\ \dot{y} \end{pmatrix} = \begin{pmatrix} \hat{\alpha}(\mu) & -\beta(\mu) \\ \beta(\mu) & \hat{\alpha}(\mu) \end{pmatrix} \begin{pmatrix} x \\ y \end{pmatrix} + \begin{pmatrix} f(x, y, \mu) \\ g(x, y, \mu) \end{pmatrix} \tag{1.5}$$

mit

$$\hat{\alpha}(0) = 0, \beta(0) \neq 0, \mu \in \mathbb{R}, f(x, y), g(x, y) \in \mathcal{C}^m, m \geq 4, \tag{1.6}$$

---

[11]Es gibt verschiedene Versionen dieses Theorems. Die hier dargelegte ist aus Lorenz H.W. (1993), p.96 übernommen.

[12]die so genannte *Transversalitätsbedingung*

[13]aus Marx B., Vogt W. (2011), p.141-142. ; in ähnlicher Form auch in Aulbach, B. (2004) , p.404.

wobei f und g keine linearen Terme in x und y enthalten. Dies bedeutet:

$$
\begin{aligned}
f(0,0,\mu) &= f_x(0,0,\mu) = f_y(0,0,\mu) = 0, \\
g(0,0,\mu) &= g_x(0,0,\mu) = g_y(0,0,\mu) = 0,
\end{aligned}
\tag{1.7}
$$

mit $\mu \in (-\varepsilon, \varepsilon)$, $\varepsilon > 0$. Weiter sei die Transversalitätsbedingung

$$
\hat{\alpha}'(0) \neq 0
\tag{1.8}
$$

erfüllt. Um die Verzweigungsrichtung zu bestimmen, setze man voraus, dass gelte

$$
\frac{A_2}{\beta(0)} + A_3 \neq 0,
\tag{1.9}
$$

mit

$$
\begin{aligned}
A_2 &= f_{02}g_{02} - f_{20}g_{20} + f_{11}(f_{20} + f_{02}) - g_{11}(g_{20} + g_{02}), \\
A_3 &= f_{30} + f_{12} + g_{21} + g_{03}, \\
f_{ij} &= \frac{\partial^{i+j} f(0,0,0)}{(\partial x)^i (\partial y)^j}, \quad g_{ij} = \frac{\partial^{i+j} g(0,0,0)}{(\partial x)^i (\partial y)^j}.
\end{aligned}
$$

Dann kann folgendes Theorem formuliert werden:

Theorem 2. *(Satz von* HOPF, *Version 2)*
Für das System (1.5) gelten die Voraussetzungen (1.6), (1.7) und (1.8). Gilt darüber hinaus die Ungleichung (1.9) , dann gibt es eine Nullumgebung $U(0) \subset \mathbb{R}^2$ und ein $\varepsilon_0 > 0$ mit folgenden Eigenschaften:

1. Das System (1.5) besitzt in $U \times [-\varepsilon_0, \varepsilon_0]$ keine Ruhelagen außer den trivialen $(0,0,\mu)$, $\mu \in [-\varepsilon_0, \varepsilon_0]$.

2. Für $\hat{\alpha}'(0) > 0$ sind die trivialen Ruhelagen für $\mu \in [-\varepsilon_0, 0)$ asymptotisch stabil und für $\mu \in (0, \varepsilon_0]$ instabil. Umgekehrt im Fall $\hat{\alpha}'(0) < 0$.

3. Für $\mu = 0$ ist die triviale Lösung asymptotisch stabil *oder* instabil, je nach dem, ob $\frac{A_2}{\beta(0)} + A_3$ negativ *oder* positiv ist.

4. Für $\left[\frac{A_2}{\beta(0)} + A_3\right] \hat{\alpha}'(0) > 0$ gibt es für jedes $\mu \in [0, \varepsilon_0]$ keine geschlossene Trajektorie in U , während es für jedes $\mu \in [-\varepsilon_0, 0)$ genau eine geschlossene Trajektorie in U gibt. Diese enthält die triviale Ruhelage im Innengebiet und ist *anziehend* für $\hat{\alpha}'(0) < 0$ und *abstoßend* für $\hat{\alpha}'(0) > 0$.

5. Für $\left[\frac{A_2}{\beta(0)} + A_3\right] \hat{\alpha}'(0) < 0$ gibt es für jedes $\mu \in [-\varepsilon_0, 0]$ keine geschlossene Trajektorie in U , während es für jedes $\mu \in (0, \varepsilon_0]$ genau eine geschlossene

Trajektorie in U gibt. Diese enthält die triviale Ruhelage im Innengebiet und ist *anziehend* für $\hat{\alpha}'(0) > 0$ und *abstoßend* für $\hat{\alpha}'(0) < 0$.

Beweis. (Idee) Betrachte das System

$$
\begin{aligned}
\dot{x} &= (d\mu + a(x^2 + y^2))x - (\omega + c\mu + b(x^2 + y^2))y + ThO, \\
\dot{y} &= (\omega + c\mu + b(x^2 + y^2))x + (d\mu + a(x^2 + y^2))y + ThO,
\end{aligned}
\tag{1.10}
$$

mit $a, b, c, d \in \mathbb{R}$, $\omega \in \mathbb{R}\backslash\{0\}$, Systemparameter $\mu \in \mathbb{R}$ und ThO als Abkürzung für "Terme höherer Ordnung" steht. Nach dem SATZ VON HOPF verändert sich das qualitative Verhalten von (1.10) nicht, wenn ThO zu diesem System addiert werden[14]. Daher werden sie nun ignoriert. Transformation von (1.10) in Polarkoordinaten ergibt dann

$$
\begin{aligned}
\dot{r} &= (d\mu + ar^2)r, \\
\dot{\theta} &= (\omega + c\mu + br^2).
\end{aligned}
\tag{1.11}
$$

Es finden sich *periodische Lösungen* von (1.10) , welche Kreise mit $r = const.$ sind, und zwar durch die Lösungen von $\dot{r} = 0$ ($r \neq 0$) aus (1.11).
Für $a \neq 0$ und $d \neq 0$ liegen diese Lösungen entlang der Parabel $\mu = -\frac{ar^2}{d}$.
Die Trajektorien dieses Systems lassen sich dann mit Hilfe der Phasendifferentialgleichung

$$
\frac{\mathrm{d}r}{\mathrm{d}\theta} = \frac{(d\mu + ar^2)\,r}{\omega + c\mu + br^2}
$$

als Lösungskurven dieser skalaren Differenzialgleichung schreiben. Alle Aussagen aus **Theorem 2.** folgen aus der angegebenen Phasendifferentialgleichung.
Ein kompletter Beweis zu **Theorem 2.** befindet sich in AULBACH, B. (2004) , pp.406-415. $\qquad\square$

Bemerkung. (zu **Theorem 2.**)
Für jede lineare Abbildung eines endlichdimensionalen Vektorraums, deren charakteristisches Polynom vollständig in Linearfaktoren zerfällt, kann eine Vektorraumbasis gewählt werden, so dass die Abbildungsmatrix, die die Abbildung bezüglich dieser Basis beschreibt, *jordansche Normalform* hat (vgl. Bosch, S. (2006) , p. 233 (Theorem 15.)). Falls (1.4) derart vorliegt, dass **keine** *Normalform* an der Stelle des Fixpunktes (und kritischen Parameterwert) gegeben ist , so kann dieses System also <u>stets</u> - durch geeignete Koordinatentransformation(en) - in jene *Normalform*

---

[14]vgl. GUCKENHEIMER J. , HOLMES P. (1983), p.151

14

gebracht werden, die in **Theorem 2.** als *bereits gegeben vorausgesetzt* wird. Eine Anleitung zur Vorgehensweise befindet sich skizzenhaft in GUCKENHEIMER J. , HOLMES P. (1983) , p.138ff.[15]

1.2.2 Bestimmung der Verzweigungsrichtung

Durch die erwähnte Theorie aus der vorherigen *Bemerkung* kann im Folgenden ein (zweidimensionales) System (mit Parameter $\mu \in \mathbb{R}$) betrachtet werden, mit einer *Normalform* der Art

$$\begin{pmatrix} \dot{x} \\ \dot{y} \end{pmatrix} = \begin{pmatrix} 0 & -\omega \\ \omega & 0 \end{pmatrix} \begin{pmatrix} x \\ y \end{pmatrix} + \begin{pmatrix} f(x,y,\mu) \\ g(x,y,\mu) \end{pmatrix} , \quad 0 \neq \omega \in \mathbb{R}, \tag{1.12}$$

so dass (1.7) erfüllt ist, $\mathbf{J}(0,0)|_{\mu_0=0} = \begin{pmatrix} 0 & -\omega \\ \omega & 0 \end{pmatrix}$ und $\hat{\alpha}(0) = 0$ sowie $\beta(0) = \omega \neq 0$. Die Voraussetzungen für die Existenz *periodischer Lösungen* sind erfüllt (vgl. **Theorem 2.**). Dann gibt das Vorzeichen des führenden kubischen Koeffizienten[16] $a \in \mathbb{R}$ eine Aussage[17] über die Stabilität und somit der *Verzweigungsrichtung*. Genauer wird dies im folgenden Satz formuliert:

Satz. (Ein Vorzeichentest) *Für Systeme der Form* (1.12) *ist der führende kubische Koeffizient in* (1.11) *durch die Gleichung*

$a = \frac{1}{16}\left[f_{xxx} + f_{xyy} + g_{xxy} + g_{yyy}\right] + \frac{1}{16\omega}\left[f_{xy}(f_{xx} + f_{yy}) - g_{xy}(g_{xx} + g_{yy}) - f_{xx}g_{xx} + f_{yy}g_{yy}\right]$
gegeben.

Für $a < 0$ (> 0) ist die stationäre Lösung von (1.12) *stabil (instabil).*

Beweis. Eine Herleitung für diese Formel befindet sich in GUCKENHEIMER, J. , HOLMES P. (1983), pp.154-156. $\square$

Bemerkung. Ist (1.4) von der Dimension $n \geq 3$, ist zunächst eine Reduktion auf *Zentrumsmannigfaltigkeit* erforderlich [18].

Bemerkung. Es stellt sich die Frage, ob die Transformation auf *Normalform* notwendig ist, um die *Verzweigungsrichtung* zu bestimmen. Es geht auch ohne. Als Literatur hierfür eignet sich [4].

---

[15]gesucht wird eine Ähnlichkeitsabbildung. Zwei $n \times n$−Matrizen A und B über demselben Körper $\mathbb{K}$ sind *ähnliche* Matrizen, wenn es eine *invertierbare* $n \times n$−Matrix P über $\mathbb{K}$ gibt, so dass $B = P^{-1}AP$ (vgl. Bosch, S. (2006) , p.193 (Definition 1.)). Die Abbildung ψ, die einer Matrix A ihre ähnliche Matrix B zuweist, heißt Ähnlichkeitsabbildung. Es gilt dann $\psi(A) = P^{-1}AP = B$.

[16]*Engl.*: first Lyapunov coefficient

[17]vgl. hierzu die Herangehensweise in (1.1).

[18]vgl. Lorenz, H.W. (1993), p.107 und Guckenheimer J. , Holmes P. (1983) , pp. 124ff.

Bisher wurden die wesentlichen Resultate einer HOPF-Verzweigung eingeführt, um qualitative Aussagen über derartige nichtlineare parameterabhängige *Dynamische Systeme* tätigen zu können, die den genannten Voraussetzungen genügen. Im **2. Abschnitt** wird untersucht, ob diese Resultate auch für ein bekanntes ökonomisches Modell (zweidimensionales Differentialgleichungssystem) angewendet werden können, um die Existenz und die Stabilität von Grenzzyklen in diesem Modell zu prüfen.

2 Das Business Cycle Modell von KALDOR

In der Makroökonomie wird zwischen der so genannten "kurzen Frist" und der "mittleren bis langen Frist" unterschieden[19]. Die *neoklassische* Theorie betrachtet dabei die Märkte[20] ausschließlich in der mittleren bis langen Frist, weshalb sie etwas unzureichend erscheinen mag.

Für die kurze Frist ist daher die *keynesianische* Theorie konzipiert worden, die - im Gegensatz zu der *neoklassischen* - die gesamtwirtschaftliche Nachfrage als entscheidende Größe für Beschäftigung sieht und von einer Unterbeschäftigung ausgeht. Hieraus entstanden erste Modelle[21] in den 1940er Jahren, die entsprechend dem Dogma der *keynesianischen* Theorie unterliegen, von denen explizit das folgende ausgesucht wurde, welches in diesem Kapital qualitativ analysiert werden soll.

2.1 Ein Business-Cycle-Modell : Das Modell von KALDOR[22]

Ein bekanntes Modell[23] zur Erklärung von Konjunkturzyklen[24] stellte KALDOR (1940) vor:

2.1.1 Modell und seine Annahmen

$$\dot{Y} = \alpha[I(Y,K) - S(Y)]$$
$$\dot{K} = I(Y,K) - \delta K, \tag{2.1}$$

wobei die Bedeutungen von Y, I, S, K und δ denen der Notationsliste (siehe S.3) entsprechen. In diesem Modell bezeichnet α die Geschwindigkeit , mit der sich die Volkswirtschaft den neuen Gegebenheiten anpasst (*Anpassungsgeschwindigkeit*). KALDOR

---

[19]vgl. Funk P. (2010). Als Standardliteratur hierfür konsultiere man [10] und [11] .

[20]Arbeits-und Gütermarkt, sowie Geldmarkt.

[21]so genannte BUSINESS-CYCLE-MODELLE.

[22]Nicholas Kaldor, ungarischer Ökonom (1908-1986), galt als Keynesianer.

[23]Lorenz H.W. (1993) , p.101.

[24]hier als sinngemäße Übersetzung von BUSINESS CYCLE.

nahm für dieses Modell gewisse - nicht unumstrittene - Annahmen[25] vor, die aber im Folgenden ebenfalls angenommen werden:

$$I_Y > S_Y > 0 \quad \text{und } I_K < 0 \text{ [26]}. \tag{2.2}$$

Die Investitionsfunktion sei als *s-förmig* und nichtlinear angenommen. Für die Sparfunktion, im Sinne von KEYNES[27], können stärkere Restriktionen angenommen werden, wie der folgende Absatz zeigt.

Keynesianische Annahme [28](positive marginale Konsum-und Sparneigungen): Das typische Individuum und der Durchschnitt aller Individuen erhöht seinen Konsum $(C(Y(t)))$ bei einer Erhöhung des Einkommens, jedoch um weniger als das Einkommen steigt, d.h. $0 < C_Y < 1$. In der allgemeinen keynesianischen Annahme , wo die Sparneigung durch den Zusammenhang $S(Y(t)) = Y(t) - C(Y(t))$ ausschließlich vom Einkommen abhängt, ergibt sich somit

$$0 < S_Y < 1. \tag{2.3}$$

Die Fixpunktbedingung für (2.1) ist
$\dot{Y} = 0$ und $\dot{K} = 0$, so dass - wg. $\alpha > 0$ - die Bedingungen

1. $I(Y,K) = S(Y)$

2. $I(Y,K) = \delta K$

für eine geeignete Kombination von Y und K gleichzeitig erfüllt sein müssen. Nach KEYNESIANISCHER Annahme ist die Sparfunktion *linear* mit dem Einkommen Y, d.h. in der allgemeinen Form

$$S(Y) = c_1 Y + c_2 \ ,$$

mit $0 < c_1 < 1$ (vgl. (2.3)) und $c_2 \in \mathbb{R}$. Aus 1. und 2. folgt somit, dass für einen Fixpunkt

$$Y = \frac{\delta}{c_1} K - c_2$$

erfüllt sein muss. Die *Existenz* von (*mindestens*) einem Fixpunkt ist somit gesichert. Für die Anwendung des Satzes von HOPF (**Theorem 1.**) sei (Y_e, K_e) der Fixpunkt von (2.1).

---

[25]vgl. hierzu [7].

[26]Es gibt verschiedene Varianten des Kaldor Modell, auch solche, die eine Abhängigkeit der Sparfunktion vom Kapitalstock vorsehen, mit dem Zusammenhang $S_K > 0$. Da diese Annahme recht strittig ist (vgl. Gandolfo G. , pp. 441ff und Chang, W.W. , pp.37-44), wurde sie in dieser Arbeit aus dem Modell rausgelassen.

[27]direkte Abhängigkeit des Konsums vom Einkommen, aber **nicht** von Vermögenseffekten, Zinsänderungen und Erwartungen über zukünftige Einkommen, vgl. [11].

[28]aus Funk, P. (2010), p.205, sinngemäß übernommen, vgl. auch zusätzlich [11].

2.1.2 Existenz einer HOPF-Verzweigung im KALDOR Modell

Für den Existenznachweis werden die Punkte (H1) und (H2) von **Theorem 1.** gezeigt. Im Modell von KALDOR, das allgemein ein *Einkommen-Kapitalstock-System* darstellt, ist der frei wählbare Parameter die Anpassungsgeschwindigkeit α. Die Jacobi-Matrix an der Stelle (Y_e, K_e) ist gegeben durch

$$\begin{pmatrix} \alpha(I_Y(Y_e, K_e) - S_Y(Y_e)) & \alpha I_K(Y_e, K_e) \\ I_Y(Y_e, K_e) & I_K(Y_e, K_e) - \delta \end{pmatrix} \tag{2.4}$$

mit Eigenwerten $\lambda_{1,2}$, die man über die Lösung von

$\lambda^2 + a_1\lambda + a_2 = 0$ erhält, mit

$$a_1 = -[\alpha(I_Y(Y_e, K_e) - S_Y(Y_e)) + I_K(Y_e, K_e) - \delta],$$
$$a_2 = \alpha[(I_Y(Y_e, K_e) - S_Y(Y_e))(I_K(Y_e, K_e) - \delta) - I_Y(Y_e, K_e)I_K(Y_e, K_e)].$$
$$\tag{2.5}$$

Weil

$$\lambda_{1,2} = \frac{1}{2}\left[-a_1 \pm \sqrt{a_1^2 - 4a_2}\right] \tag{2.6}$$

für die Existenz einer HOPF-VERZWEIGUNG ein Paar rein imaginärer Eigenwerte der Jacobi-Matrix, ausgewertet bei (Y_e, K_e), sein muss, muss daher

$$-a_1 = 0 \quad \text{d.h.} \qquad \alpha(I_Y(Y_e, K_e) - S_Y(Y_e)) + (I_K(Y_e, K_e) - \delta) = 0,$$

$$\text{sowie} \quad a_2 > 0$$

gelten.

Der kritische Parameterwert ist somit

$$\alpha_0 := \frac{\delta - I_K(Y_e, K_e)}{I_Y(Y_e, K_e) - S_Y(Y_e)}, \tag{2.7}$$

welcher positiv ist nach den Annahmen aus (2.2). Es gilt

$$a_1 \gtreqless 0 \ , \text{ falls } \alpha \lesseqgtr \alpha_0 \ ,$$

d.h. der Verzweigungspunkt (Y_e, K_e) verliert seine Stabilität, sobald der kritische Wert überschritten wird.

Nun zeigt sich aber in (2.5) (nach Einsetzen von $\alpha = \alpha_0$) , dass $a_2(\alpha_0)$ <u>nicht</u> unabhängig von der Wahl der Investitions- bzw. Sparfunktion und der Abschreibungsrate

δ positiv ist (nach (2.2)). Im Simulationsteil (**Abschnitt 3**) werden Funktionen mit gewissen Parameterwerten betrachtet, die genau diese Eigenschaft erfüllen.

Unter der **Annahme**, dass $a_2(\alpha_0) = \frac{I_Y(Y_e,K_e)I_K(Y_e,K_e)}{I_Y(Y_e,K_e)-S_Y(Y_e)} - (I_K(Y_e,K_e) - \delta)^2 > 0$, hat (2.4) also die rein komplex konjugierten Eigenwerte $\lambda_{1,2}(\alpha_0) = \pm i\sqrt{a_2(\alpha_0)}$. Für genügend kleine a_1, d.h. für α genügend nah an α_0, bleiben (2.6) zwei rein komplex konjugierte Eigenwerte, womit (H1) aus **Theorem 1.** erfüllt ist.

Weiter ist - wegen $a_1(\alpha) = -[\alpha(I_Y(Y_e,K_e) - S_Y(Y_e)) + I_K(Y_e,K_e) - \delta]$ - die Transversalitätsbedingung

$$\frac{\mathrm{d}(Re(\lambda_{1,2}))}{\mathrm{d}\alpha}\Big|_{\alpha=\alpha_0} \overset{(2.5)}{=} \frac{\mathrm{d}(-\frac{1}{2}a_1)}{\mathrm{d}\alpha}\Big|_{\alpha=\alpha_0} = \frac{1}{2}(I_Y(Y_e,K_e) - S_Y(Y_e)) \overset{(2.2)}{>} 0$$

erfüllt. Damit ist auch der Punkt (H2) abgehakt, d.h. *periodische* Lösungen existieren lokal in der Nähe von (Y_e, K_e, α_0) unter der *Voraussetzung* $a_2(\alpha_0) > 0$.

Im nächsten Unterabschnitt wird geprüft, ob es möglich ist, die Stabilität des *Zyklus* mit den Mitteln aus **Abschnitt 1.2.2** zu bestimmen, ohne dabei die wirtschaftlichen Funktionen I und S konkret zu kennen.

2.1.3 Stabilität des Zyklus im KALDOR MODELL

Zunächst wird eine Koordinatentransformation durchgeführt. Dafür sei

$$y = Y_e - Y,$$
$$k = K_e - K,$$
$$i = I_e - I,$$
$$s = S_e - S.$$

Damit wird (2.1) zu

$$\dot{y} = \alpha(i(y,k) - s(y))$$
$$\dot{k} = i(y,k) - \delta k$$

transformiert und das Gleichgewicht in den Ursprung gelegt.

Nach KEYNESIANISCHER Annahme ist $s(y)$ linear. Als weitere Annahme sei die Investitionsfunktion $i(y,k)$ separierbar[29] in ihren Argumenten y und k, d.h. es existieren Funktionen $i_{1,2}$ so, dass

$$i(y,k) = i_1(y) + i_2(k) .$$

---

[29]siehe Lorenz H.W. (1993), p.102.

Die Abhängigkeit der Investitionen von dem Kapitalstock ($i_2\,(k)$) sei ebenfalls als linear angenommen, so dass $\frac{di_2}{dk}(0) = const.$ gilt. Für die partiellen Ableitungen nach y seien folgende Zusammenhänge erfüllt:

$$i_y(0) > 0,$$
$$i_{yy}(0) = 0, \qquad (2.8)$$
$$i_{yyy}(0) < 0.$$

Die (neue) Jacobi-Matrix ist dann

$$\tilde{\mathbf{J}}\,(0,0) = \begin{pmatrix} \alpha(i_y\,(0) - s_y\,(0)) & \alpha i_k\,(0) \\ i_y\,(0) & i_k\,(0) - \delta \end{pmatrix},$$

so dass der kritische Parameterwert $\alpha = \alpha_0$ weiterhin die Gleichung

$$\alpha_0(i_y(0) - s_y(0)) + i_k(0) - \delta = 0 \qquad (2.9)$$

erfüllen muss. Für die Stabilitätsanalyse wird $\tilde{\mathbf{J}}$ in *Normalform* gebracht , da diese offensichtlich nicht vorliegt.

Das nun vorliegende KALDOR MODELL hat die Form

$$\begin{pmatrix} \dot{y} \\ \dot{k} \end{pmatrix} = \tilde{\mathbf{J}}\,(0,0,\alpha_0) \begin{pmatrix} y \\ k \end{pmatrix} + \mathbf{g}(y,k) = \begin{pmatrix} -(i_k(0) - \delta) & -i_k(0)\dfrac{i_k(0) - \delta}{i_y(0) - s_y(0)} \\ i_y(0) & i_k(0) - \delta \end{pmatrix} \begin{pmatrix} y \\ k \end{pmatrix} + \mathbf{g}(y,k)$$
$$(2.10)$$

mit nichtlinearer Funktion $\mathbf{g}(y) = \left(g^1\,(y), g^2\,(y)\right)^T$.

Da der Ausdruck a aus dem **Satz (Ein Vorzeichentest)** Ableitungen bis **Ordnung** 3 enthält, sollte $\mathbf{g}$ mindestens eine $\mathcal{C}^3(\mathbb{R})$ Funktion sein. Nach Annahme liegt nur in $i\,(y,\cdot)$ die einzige Nichtlinearität vor, weshalb

$$g^1(y) = \alpha_0(i(y) - s(y)) - L_1(i(y)) = \alpha_0(i(y) - s(y)) + (i_k(0) - \delta)y,$$
$$g^2(y) = i(y) - L_2(i(y)) = i(y) - i_y(0)y,$$

mit $L_{1,2}(i(y))$ als lineare Teile des zentrierten Systems gilt.

Für die gewünschte *Normalform* von (2.10) wird folgende Transformation[30] benutzt:

$$\begin{pmatrix} y \\ k \end{pmatrix} = \mathbf{D} \begin{pmatrix} v \\ w \end{pmatrix}, \text{ wobei } \mathbf{D} = \begin{pmatrix} d_{11} & d_{12} \\ d_{21} & d_{22} \end{pmatrix} \text{ sei.}$$

$\mathbf{D}$ transformiert also die (y,k) in (v,w) Koordinaten.

---

[30]vgl. Herrmann (1986), pp.89ff.

Die Einträge setzen sich wie folgt zusammen:

$d_{11} = 0,$

$d_{12} = 1,$

$$d_{21} = \frac{\sqrt{i_y(0) \cdot i_k(0) \cdot \frac{i_k(0)-\delta}{i_y(0)-s_y(0)} - (i_k(0)-\delta)^2}}{-i_k(0) \cdot \frac{i_k(0)-\delta}{i_y(0)-s_y(0)}},$$

$$d_{22} = -\frac{i_y(0) - s_y(0)}{i_k(0)}.$$

Es gilt <u>hier</u> $\mathbf{D}^{-1} = -\frac{1}{d_{21}} \begin{pmatrix} d_{22} & -1 \\ -d_{21} & 0 \end{pmatrix}$.

Der Linearteil von (2.10) wird nach der Transformation zu

$$\begin{pmatrix} \dot{v} \\ \dot{w} \end{pmatrix} = \mathbf{D}^{-1} \tilde{\mathbf{J}}(0,0,\alpha_0) \, \mathbf{D} \cdot \begin{pmatrix} v \\ w \end{pmatrix}$$

$$=$$

$$\begin{pmatrix} 0 & -\sqrt{i_y(0) i_k(0) \frac{i_k(0)-\delta}{i_y(0)-s_y(0)} - (i_k(0)-\delta)^2} \\ \sqrt{i_y(0) i_k(0) \frac{i_k(0)-\delta}{i_y(0)-s_y(0)} - (i_k(0)-\delta)^2} & 0 \end{pmatrix} \begin{pmatrix} v \\ w \end{pmatrix},$$

womit die *Normalform* vorliegt. Die Matrix $\mathbf{B} := \begin{pmatrix} 0 & -\hat{\omega} \\ \hat{\omega} & 0 \end{pmatrix}$, mit

$$\hat{\omega} := \sqrt{i_y(0) \cdot i_k(0) \cdot \frac{i_k(0) - \delta}{i_y(0) - s_y(0)} - (i_k(0) - \delta)^2} \in \mathbb{R}_+,$$

ist *ähnlich* zu der Matrix $\tilde{\mathbf{J}}(0,0,\alpha_0)$ und hat somit die <u>gleiche</u> Determinante[31].
Im **Abschnitt 2.1.2** musste <u>bisher</u> angenommen werden, dass das Vorzeichen der Determinante $a_2(\alpha_0)$ positiv ist. Es folgt, dass

$$\det(\mathbf{B}) = \hat{\omega}^2 > 0,$$

womit an dieser Stelle gezeigt ist, dass $a_2(\alpha_0) > 0$.

Für den nichtlinearen Teil ist $y = w$ und k wird **nicht** gebraucht, da die nichtlinearen Funktionen g^1 und g^2 nicht von k abhängen. Somit ergibt sich für $(h_1, h_2)^T := \mathbf{D}^{-1}\mathbf{g}$ (die Inverse $\mathbf{D}^{-1}$ muss mit $\mathbf{g}$ multipliziert werden, da $\mathbf{D}$ ursprünglich auf der linken Seite von (2.10) auftritt, wenn man die obige Transformation begann) :

---

[31] Ähnliche Matrizen haben entsprechend dieselben Eigenwerte (vgl. Bosch, S. (2006) , p.195 (Bemerkung 7.)).

$$\begin{pmatrix} h_1(w) \\ h_2(w) \end{pmatrix} = \mathbf{D}^{-1} \begin{pmatrix} \alpha_0\left(i(w) - s(w)\right) - L_1\left(i(w)\right) \\ i(w) - L_2\left(i(w)\right) \end{pmatrix}$$

$$= -\frac{1}{d_{21}} \begin{pmatrix} d_{22}\left(\alpha_0(i(w) - s(w)) - L_1\left(i(w)\right)\right) - i(w) + L_2\left(i(w)\right) \\ -d_{21}\left(\alpha_0(i(w) - s(w)) - L_1\left(i(w)\right)\right) \end{pmatrix},$$

so dass die Funktionen

$$h_1(w) = \frac{1 - \alpha_0 d_{22}}{d_{21}} i(w) + \frac{1}{d_{21}}\left(-i_y(0) - d_{22}\left(i_k(0) - \delta\right)\right) w + \frac{d_{22}}{d_{21}} \alpha_0 s(w) \quad \text{und}$$

$$h_2(w) = \alpha_0\left(i(w) - s(w)\right) + \left(i_k(0) - \delta\right) w$$

nur von w abhängig sind. Anwendung von **Satz (Ein Vorzeichentest)** führt dazu, dass

$$a = \frac{1}{16} \cdot h_{1www}(0) - \frac{1}{16\tilde{\omega}} h_{1ww}(0) h_{2ww}(0).$$

Die benötigten partiellen Ableitungen sind

$$h_{1ww}(0) = \frac{1 - d_{22}\alpha_0}{d_{21}} i_{ww}(0) = 0 \text{ wegen } (2.8),$$

$$h_{1www}(0) = \frac{1 - d_{22}\alpha_0}{d_{21}} i_{www}(0).$$

Weil $i_{www}(0) < 0$ nach (2.8), hängt das Vorzeichen von a ab von dem Vorzeichen von $\frac{1 - d_{22}\alpha_0}{d_{21}}$, und zwar wie folgt:

$$\begin{aligned} a < 0, \quad &\text{wenn} \quad \frac{1 - d_{22}\alpha_0}{d_{21}} > 0, \\ a > 0, \quad &\text{wenn} \quad \frac{1 - d_{22}\alpha_0}{d_{21}} < 0. \end{aligned} \tag{2.11}$$

Die Frage, die sich stellt, ist : Kann das Vorzeichen von $\frac{1 - d_{22}\alpha_0}{d_{21}}$ bestimmt werden ?

Gegeben waren

$$d_{21} = \frac{\sqrt{i_y(0) i_k(0) \frac{i_k(0) - \delta}{i_y(0) - s_y(0)} - (i_k(0) - \delta)^2}}{-i_k(0) \frac{i_k(0) - \delta}{i_y(0) - s_y(0)}},$$

$$d_{22} = -\frac{i_y(0) - s_y(0)}{i_k(0)} \quad \text{und}$$

$$\alpha_0 = -\frac{(i_k(0) - \delta)}{i_y(0) - s_y(0)}.$$

Sei

$$\sigma := i_k(0) - \delta < 0 \quad (\star) \quad \text{wegen } i_k(0) < 0 \text{ , } \delta > 0 \text{ als } \textit{Abschreibungsrate}$$

und

$$\kappa := i_y(0) - s_y(0) > 0 \quad (\star\star) \quad \text{(nach Modellannahme)}.$$

So folgt

$$d_{22} = -\frac{\kappa}{i_k(0)} \, ,$$

$$d_{21} = \frac{\sqrt{i_y(0)i_k(0)\frac{\sigma}{\kappa} - \sigma^2}}{-i_k(0)\sigma} \cdot \kappa \quad (\star\star\star) \quad \text{und}$$

$$\alpha_0 = -\frac{\sigma}{\kappa} > 0 \, .$$

$$\implies \frac{1 - d_{22}\alpha_0}{d_{21}} = \frac{1 - \left(-\frac{\kappa}{i_k(0)} \cdot \left(-\frac{\sigma}{\kappa}\right)\right)}{d_{21}} = \frac{1 - \left(\frac{\sigma}{i_k(0)}\right)}{d_{21}} \overset{(\star)}{=} \frac{1 - \left(\frac{i_k(0) - \delta}{i_k(0)}\right)}{d_{21}} = \frac{1 - \left(1 - \frac{\delta}{i_k(0)}\right)}{d_{21}} = \frac{\frac{\delta}{i_k(0)}}{d_{21}} \, .$$

Es gilt:

$$\frac{\delta}{i_k(0)} \cdot \frac{1}{d_{21}} \overset{(\star\star\star)}{=} \frac{\delta}{i_k(0)} \cdot \left(-\frac{i_k(0)\cdot\sigma}{\sqrt{i_y(0)i_k(0)\cdot\frac{\sigma}{\kappa} - \sigma^2}\cdot\kappa}\right) = \frac{-\delta\cdot\sigma}{\sqrt{i_y(0)i_k(0)\frac{\sigma}{\kappa} - \sigma^2}\cdot\kappa} = \frac{-\delta\cdot\sigma}{\hat{\omega}\cdot\kappa} \underset{(\star\star)}{\overset{(\star)}{>}} 0.$$

Aus (2.11) folgt, dass $a < 0$.

Konsequenz: Zum kritischen Parameterwert $\alpha = \alpha_0$ liegt im KALDOR BUSINESS CYCLE MODELL unter den zusätzlichen Voraussetzungen aus (2.8) eine *super-kritische* HOPF-Verzweigung vor (vgl. **Satz (Ein Vorzeichentest)** , S.15).

Im nächsten Unterabschnitt wird ein *konkretes* KALDOR Modell betrachtet, welches dann explizit in **Abschnitt 3** simuliert wird, um *visuelle* Ergebnisse zu erhalten.

2.2 Ein konkretes KALDOR BUSINESS CYCLE Modell

Unter noch weiteren Annahmen zu (2.2) und (2.3) in (2.8) konnte im **Abschnitt 2.1.2** gezeigt werden, dass im KALDOR Business Cycle Modell ein *stabiler* Grenzzyklus existiert, sobald der kritische Parameterwert $\alpha = \alpha_0$ überschritten wird. Dieser Abschnitt beschäftigt sich nun damit, eine geeignete Investitions- und Sparfunktion anzugeben, um somit ein konkretes Modell vorliegen zu haben.

Deshalb habe ich recherchiert, welche Investitions- und Sparfunktionen zu den Annahmen (2.2) , (2.3) und (2.8) passend sind.

2.2.1 Wahl der Investitions-und Sparfunktionen

Es ist nicht gerade naheliegend, von *der* Investitions- und *der* Sparfunktion zu sprechen, jedoch dienen die folgenden Ansätze[32] dem Zweck dieses Abschnitts:

$$I(Y, K) = e \cdot u + r \left(\frac{eu}{\delta} - K \right) + f(Y - u), r > 0$$
$$S(Y) = e \cdot Y, \text{mit } 0 < e < 1,$$

(2.12)

wobei e, r und u reelle Parameter sind, von denen e die *Sparneigung* angibt (*keynesianische Sparfunktion*). Die Investitionsfunktion ist folgendermaßen aufgeteilt: Zunächst ist r ein Koeffizient, der die *Anpassungskosten* für gewöhnlich darstellt und als Proportionalitätsfaktor der Differenz von *Anfangskapitalstock* und *momentanen Kapitalstock* hinzugefügt wird. f ist eine wachsende, nichtlineare Funktion der Differenz zwischen *momentanen Einkommen* und *Anfangseinkommen*, die den *s-förmigen* Zusammenhang zwischen Investition und Einkommen passend wiedergibt (gemäß der Annahme von KALDOR). Die so verwendete Investitionsfunktion ist damit separierbar in ihren Argumenten Y und K, wie in **Abschnitt 2.1.3** angenommen wurde.

Damit wird (2.1) spezifiziert zu.

$$\dot{Y} = \alpha \left(eu + r \left(\frac{eu}{\delta} - K(t) \right) + f(Y(t) - u) - eY(t) \right)$$
$$\dot{K} = eu + r \left(\frac{eu}{\delta} - K(t) \right) + f(Y(t) - u) - \delta K(t).$$

(2.13)

System (2.13) hat den (eindeutigen) Fixpunkt bei

$$Y_0 = u, \quad K_0 = \frac{eu}{\delta},$$

unter der Annahme, dass $f(0) = 0$ sei .

---

[32]in Anlehnung an Mircea G. , Neamtu M. u.a. (2011) , p.3

Als konkrete Größen werden die folgenden gewählt:

$$\delta = 0.2,$$

$$e = 0.3,$$

$$r = 2,$$

$$u = 3, \tag{2.14}$$

$$K_0 = 4.5 \quad \text{und die Funktion}$$

$$f(x) = \frac{1}{1 + \exp(-4x)} - 0.5 \ .$$

Mit $e = 0.3$ erfüllt die Sparfunktion die Bedingung (2.3) und der Wert ist durchaus eine sehr realistische Größe für die Sparneigung, was nichts anderes bedeutet, dass 30% des Einkommens gespart werden[33]. Die Investitionsfunktion ist linear bzgl. K und damit liegt eine konstante (partielle) Ableitung vor. Für die Ableitung der Investitionsfunktion nach dem Einkommen siehe die folgende Abbildung:

$$f(x) = \frac{1}{e^{-(4x)} + 1} - \frac{1}{2}$$

$$\frac{\mathrm{d}}{\mathrm{d}x} f(x) = \frac{4e^{-(4x)}}{\left(e^{-(4x)} + 1\right)^2}$$

Abbildung 2.1: der relevante Teil der Investitionsfunktion f nach x (hier Einkommen) abgeleitet

Also ist $I_Y(Y_0) = 1 > 0$ und weiter $I_K = -r = -2 < 0$ gemäß (2.12).

Damit sind die Anforderungen an die Funktionen aus (2.2) erfüllt $(I_Y(Y_0) = 1 > 0.3 = S_Y(Y_0)$ und $I_K(Y_0) < 0)$.

---

[33]zudem wird in vielen makroökonomischen Modellen, etwa dem SOLOW-MODELL (vgl. hierzu [20]), oft genau dieser Wert zur Maximierung des Konsums in der langen Frist ermittelt, belegbar durch Übungsaufgaben aus der "Grundzüge der Makroökonomik"-Veranstaltung der Universität zu Köln.

Für $K = K_0 = 4.5$ fix, sind Investitions- und Sparfunktion in der folgenden Abbildung skizziert:

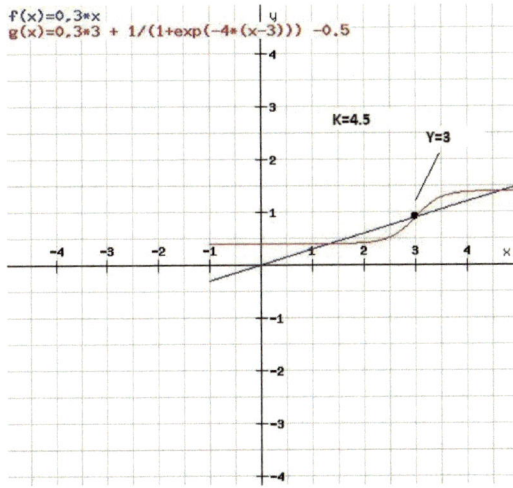

Abbildung 2.2: s-förmige Investitionsfunktion ($g(x)$) und lineare Sparfunktion ($f(x)$).

Wie verhält sich also (2.13) zu unterschiedlichen Werten von α?

2.2.2 Bestimmung des kritischen Parameterwertes

Bezüglich der Werte in (2.14) ist der kritische Parameterwert $\alpha_0 = \frac{0.2-(-2)}{1-0.3} = \frac{22}{7} = 3.142857143$ [34] gemäß der Bedingung (2.7). Mit (2.4) ist die Jacobi-Matrix $\hat{\mathbf{J}}$ für die rechte Seite von (2.13) für $\alpha = \alpha_0$, $Y = Y_0$ und $K = K_0$ durch

$$\hat{\mathbf{J}}(Y_0, K_0, \alpha_0) = \begin{pmatrix} \frac{11}{5} & -\frac{44}{7} \\ 1 & -\frac{11}{5} \end{pmatrix}$$

gegeben, d.h. ihr charakteristisches Polynom $\chi(\lambda) = \lambda^2 + \frac{253}{175}$ hat zwei rein imaginäre, komplex konjugierte Nullstellen, also ein Paar rein imaginärer Eigenwerte. Weiter ist $a_2(\alpha_0) = -\left(\frac{11}{5}\right)^2 + \frac{44}{7} = \frac{253}{175} > 0$ (Bedingung aus (2.5)). Die Existenz eines HOPF-Punktes folgt aus **Theorem 1.** .

---

[34]Randbemerkung: $\pi = 3,14159...$

26

3 Simulation des konkreten Kaldor Modells bei variierendem α

Zur Simulation des Modells (2.13) aus **Abschnitt 2.2.1** wurde das Programm XPP-AUT benutzt, da dieses auch in der Lage ist, ein Verzweigungsdiagramm - mit dem im Paket integrierten Programm AUTO - zum System zu erstellen. Mit einem Texteditor wird dann die folgende *.ode Datei geschrieben:

Input: XPP-AUT CODE

```
# Kaldor Modell (.ode Datei)
dY/dt= alpha*(I(Y,K)−S(Y))
dK/dt= I(Y,K)−delta*K
I(Y,K)=e*u + r*(e*u/delta −K) + 1/(1+exp(−4*(Y−u))) −0.5
S(Y)=e*Y
param delta=.2 , e=.3 , u=3 , r=2 , alpha=4
done
```

Eine genaue Beschreibung, wie die folgenden Abbildungen generiert werden, befindet sich im **Anhang I**.

Output:

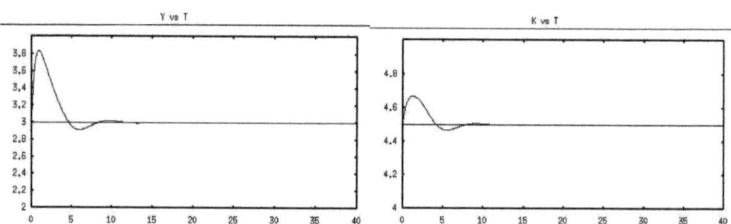

Abbildung 3.1: Zeit-Einkommen ($K = 4$) und Zeit-Kapitalstock ($Y = 3.5$) Diagramm, $\alpha = 2$.

Für $\alpha < \alpha_0$ ist der Fixpunkt stabil.

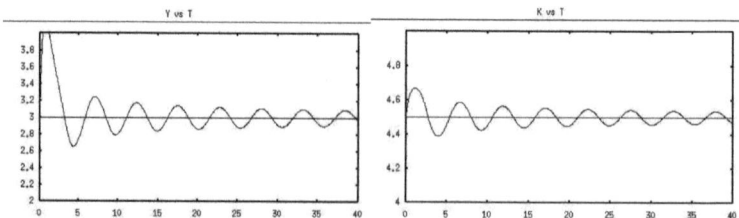

Abbildung 3.2: Zeit-Einkommen ($K = 4$) und Zeit-Kapitalstock ($Y = 3.5$) Diagramm, $\alpha = \alpha_0$.

Der Fixpunkt hat seine Stabilität verloren.

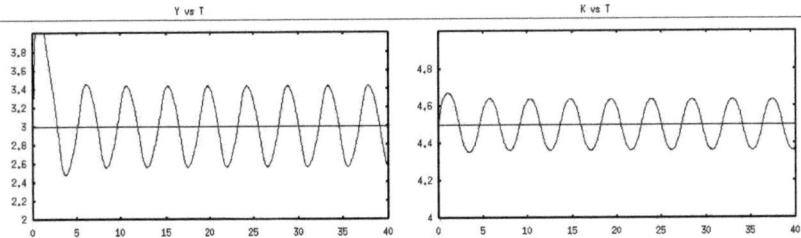

Abbildung 3.3: Zeit-Einkommen $(K = 4)$ und Zeit-Kapitalstock $(Y = 3.5)$ Diagramm, $\alpha = 4$.

Für den Parameterwert $\alpha = 4 > \alpha_0$ entwickeln sich Einkommen und Kapitalstock periodisch, d.h. (ein) Zyklus ist entstanden.

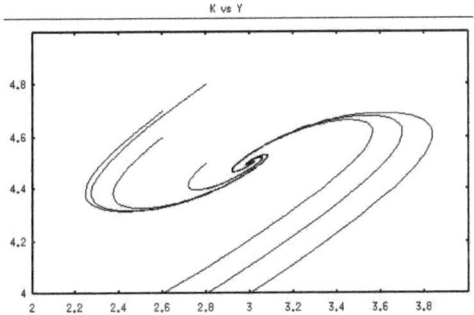

Abbildung 3.4: KALDOR BUSINESS CYCLE MODEL (KBC) , $\alpha = 2$, Fixpunkt $(3, 4.5)$ *stabil* (verschiedene Startwerte).

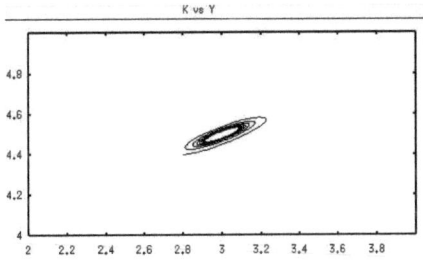

Abbildung 3.5: KBC , $\alpha = \alpha_0$. Fixpunkt verliert Stabilität $(Y = 2.8$, $K = 4.4$).

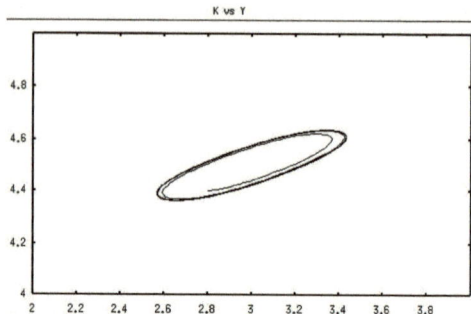

Abbildung 3.6: KBC, $\alpha = 4 > \alpha_0$, *stabiler* Grenzzyklus um *instabilen* Fixpunkt $(3, 4.5)$ $(Y = 2.8 \, , \, K = 4.4 \,)$.

Beobachtung:

Aus der Abbildung 3.1 kann abgelesen werden, dass - für $\alpha = 2$ - die Abweichung vom Gleichgewichtswert beim Einkommen Y größer ist als bei dem Kapitalstock K und ab ca. $t = 10$ beide gegen den Gleichgewichtszustand konvergieren. Dieses Verhalten ist sehr realistisch, da sich der Kapitalstock im Laufe der Zeit nicht so stark ändert wie das Einkommen. Der Gleichgewichtszustand ist also stabil für diesen Parameterwert. In $\alpha = \alpha_0$ verliert er die Stabilität (Abbildung 3.2).

Für den Parameterwert $\alpha = 4$ ist jeweils periodisches Verhalten zu sehen, da der kritische Wert $\alpha_0 = \frac{22}{7}$ überschritten wurde. Die Ausschläge des Einkommens sind weiterhin höher als die des Kapitalstocks (Abbildung 3.3). Beide Größen haben im Vergleich zu $\alpha = \alpha_0$ einen höheren Ausschlag. Der Gleichgewichtszustand ist jetzt instabil; ein stabiler Grenzzyklus ist entstanden (Abbildung 3.6).

AUTO zeigt das folgende Verzweigungsdiagramm:

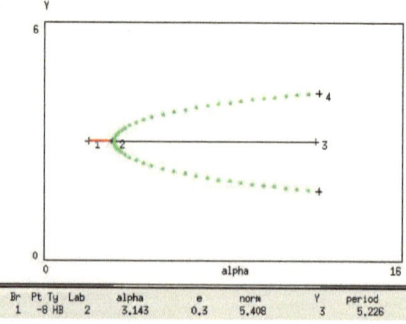

Abbildung 3.7: KBC Verzweigungsdiagramm mit variierendem α.

Das Verzweigungsdiagramm zeigt bis zum Wert $\alpha^* = 3.143 \approx \alpha_0$ stabiles Verhalten (rot). In der Zeile "Ty HB" kann abgelesen werden, dass es sich um einen *Hopfver-zweigungspunkt* (Abkürzung HB: HOPF-BIFURCATION POINT) handelt. Dann zweigen stabile Äste ab (grün), womit eine *superkritische* HOPF-Verzweigung vorliegt.

Bemerkung. Ebenfalls kann aus dem AUTO Snapshot (Abbildung 3.7) abgelesen werden, dass die Periode des Zyklus ungefähr 5.226 beträgt bei α_0. Wenn man bedenkt, dass es seit der letzten Finanzkrise (Beginn 2008) bis heute jeweils eine BAISSE und eine HAUSSE und damit ein Börsenzyklus[35] im DAX (Abbildung 3.8) entstand , ist dieser Wert - zumindest aktuell - durchaus realistisch.

Zudem ist ein kritischer Parameterwert $\alpha \in (3, 4)$, der im Zusammenhang des Modells eine *Anpassungsgeschwindigkeit* darstellt (in Jahren interpretiert), passend im makroökonomischen Kontext, insofern, dass die *keynesianische* Dogmatik für die *kurze* Frist herangezogen wird, um zu betrachten, was *außerhalb* eines (temporären) Gleichgewichts passiert. Wie der dazugehörige Anpassungsprozess genau aussieht (Preis-, Lohnanpassung etc.), kann mit dem KALDOR Modell nicht erfasst werden. Die *neoklassische* Dogmatik betrachtet hingegen nur den Horizont der *mittleren-langen* Frist und setzt voraus, dass die Märkte (Güter-, Arbeits- und Geldmarkt) *"geräumt"* sind (sich im Gleichgewicht befinden). Ein Anpassungsprozess von knapp 3 Jahren passt daher **hervorragend** in diese Einteilung der Fristen. Die numerische Wahl der Parameter in (2.14) ist also erstaunlich *gut* gelungen.

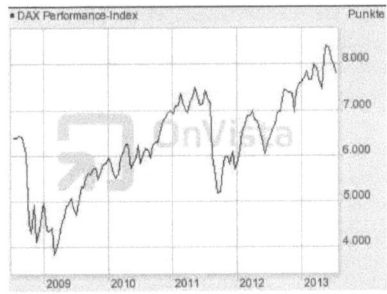

Abbildung 3.8: DAX Perfomance der letzten 5 Jahre, Quelle: OnVista.de

---

[35]Ein "Börsenzyklus" umfasst eine Baisse und Hausse (vergleiche bspw. Wikipedia mit Suchbegriff: Baisse).

Fazit

Das Modell von KALDOR ist ein überschaubares Modell zur Erklärung von Konjunkturzyklen. Um Ergebnisse wie im vorherigen Abschnitt zu erzielen, müssen ebenfalls modellhafte Funktionen mit spezifischen Eigenschaften angenommen werden. Die Annahme, dass die Investitionsfunktion nicht von der *Anpassungsgeschwindigkeit* abhängt, ist zweifelhaft, da die Investitionsseite sich entsprechend nach dieser richten würde (persönliche Meinung). Ebenfalls werden keine Erwartungen in die Zukunft, wie beispielsweise bei Aktienkursen, berücksichtigt. Ein Erweiterung gibt es z.b. in Form von dem Modell von KALDOR-KALECKI [36], was eine Zeitverzögerung integriert:

$$\dot{Y} = \alpha \left(I(Y(t), K(t)) - S(Y(t), K(t)) \right),$$
$$\dot{K} = I(Y(t - \tau), K(t)) - \delta K(t),$$

mit $\tau \geq 0$ als Zeitverzögerung zur letzten Investitionsentscheidung bzgl. der Entwicklung des Kapitalstocks.

Modernere Modelle gehen davon aus, dass Konjunkturzyklen in erster Linie durch "reale Schocks[37]" verursacht werden. Sie sind Bestandteile der so genannten REAL-BUSINESS-CYCLE-THEORIE [38].

Letztlich sollte nicht vergessen werden, dass das MODELL von KALDOR den Zustand der so genannten *keynesianischen Unterbeschäftigung* [39] unterstellt.

---

[36]vgl. Rocsoreanu C. und Sterpu M. (2009) , p. 2

[37]Unter einem makroökonomischen Schock versteht man ein plötzlich auftretendes Ereignis, das zu einer Veränderung des aggregierten Angebotes oder der aggregierten Nachfrage führt.

[38]wichtige Vertreter sind u.a. Edward C. Prescott und Finn E. Kydland (Nobelpreis 2004), siehe auch [13] .

[39]Zum einen möchten "die Haushalte" mehr arbeiten (" *effektives* Arbeitsangebot" > " *effektive* Arbeitsnachfrage"), zum anderen möchten "die Unternehmen" mehr Output absetzen (" *effektives* Güterangebot" > " *effektive* Güternachfrage"). Vergleiche hierzu [11].

Schlusswort

Diese Arbeit hat mein Interesse an der mathematischen Modellierung im Allgemeinen und insbesondere von ökonomischen Zusammenhängen sowie aktueller makroökonomischer Forschung sehr gesteigert. Das Modell von KALDOR hat sich als durchaus *pflegeleicht* für den **Simulationsabschnitt** erwiesen. Jedoch hat es eine Weile gedauert, bis ich mich mit XPP-AUT und insbesondere mit AUTO anfreunden konnte. Umso schöner war es dann am Ende, vorzeigbare Ergebnisse zu erhalten, die man in der Realität einigermaßen wiederfinden konnte. Um diese Ergebnisse zu erzielen, hat es ebenfalls länger gedauert, bis ich geeignete Ansätze für die Investitionsfunktion gefunden habe, die ich - aus ökonomischer Sicht - interpretieren konnte. Für die *numerische Analyse* gibt es weitere Ansätze (ein weiterer möglicher befindet sich beispielsweise in **[5]**), die meiner Einschätzung nach aber nicht geeignet sind, um auf *Makro*-Ebene geeignet interpretiert werden zu können.

Während der Simulation mit verschiedenen Parameterwerten erhielt ich stets den *superkritischen* Fall der HOPF-Verzweigung. Ich denke, dass dies kein Zufall war.

Insgesamt bin ich sehr froh darüber, dass diese Arbeit so *anwendungsorientiert* gestaltet und mein wirtschaftliches Interesse - respektive mein Nebenfach *Volkswirtschaftslehre* - in einem hohen Maße integriert werden konnte.

Mein Dank gilt daher besonders meinem Betreuer **Dr. Fotios Giannakopoulos** für das hervorragende Gespür bei der Themenauswahl.

Ebenfalls möchte ich mich bei Herrn **Professor Dr. Küpper** sehr dafür bedanken, dass er sich die Zeit nimmt, als Zweitprüfer zu fungieren.

Mein (persönliches) Fazit zu dieser Arbeit ist:

"Ein (makroökonomisches) Modell verstehe ich als eine Art Landkarte; es spiegelt zwar nicht die Realität wider, aber es hilft mir, mich in ihr zurechtzufinden."
(Christian Summerer (2013))

Christian Summerer, 01.09.2013

Anhang

Vorgehensweise zur Simulation mit XPP-Auto

Zunächst sollte ein XServer auf dem Computer installiert sein und gestartet werden (ich habe 'Xming' verwendet). Nachdem man die *.ode Datei geschrieben und nach Möglichkeit in seinen XPP Ordner gespeichert hat, starte man seine xpp-Verknüpfung (Version 7.0 wurde benutzt) und wähle die gewünschte Datei aus diesem Verzeichnis aus. Das XPP GUI sollte sich öffnen.

Die "Initial Data" (obere Leiste unter ICs) sind *default* bei $Y = K = 0$. Zur Erstellung der Abbildungen *Einkommen/Kapitalstock-Zeit* sollte man die Werte ändern; ich habe sie relativ nah am Fixpunkt $(3, 4.5)$ gewählt. In der Kommandoleiste (links) kann man unter "Viewaxes -> 2D" die Achsenabschnitte beschriften und geschickt skalieren. Unter dem Menupunkt "Xi vs t" sind unter Eingabe der gewünschten Variable (Y bzw. K) die Abbildungen generierbar. Mein Initialwert für alpha war $\alpha = 4$, entsprechend kann man unter "Paramaters" (obere Leiste unter "Param") den Wert von *alpha* verändern.

Für die Zeichnung der **Phasenportraits** ändert man wieder unter "Viewaxes->2D" die Achsen zu K und Y . Ich habe bewusst, entgegen der Intuition, Y auf die x-Achse und K auf die y-Achse "gesetzt", da die Plots dadurch besser erkennbar sind. Nachdem die Achsen nun *vernünftig* skaliert wurden, erhält man die Zeichnungen der Phasenportraits (zu unterschiedlichem alpha) durch den Menupunkt "Initialconds->Go" (oder durch Klicken der "G" Taste) auf der linken Kommandoleiste (ganz oben).

Man kann zusätzlich farblich rot/grün Nullkline $\frac{dK}{dt} = 0$ und $\frac{dY}{dt} = 0$ - wenn gewünscht - durch den Menupunkt "Nullclines->New" ergänzen.

Richtungsfelder bekommt man über "Dir.field/flow -> Direct field (Flow)" (es sollten beim Flow keine zu großen Zahlen eingegeben werden, da man sonst nicht mehr viel vom eigentlichen Portrait erkennt).

Zum Speichern der Illustrationen in ein Bildformat gibt es zweierlei Möglichkeiten:

1. Unter dem Punkt "Graphic Stuffs" kann über die Auswahl von "PostScript" eine *.ps Datei der aktuellen Zeichnung generiert werden.

2. Unter dem Punkt "Kinescope" kann man zunächst über "Capture" das Bild 'festhalten' und dann über "Save" als *.gif Datei abspeichern; diese Variante habe ich verwendet.

Um das **Verzweigungsdiagramm** zu generieren, müssen nun die **Koordinaten des Fixpunktes** bei "Initial Data" eingegeben werden. Mit "Erase" lösche man besser zunächst die bisher gemachten Bilder. Sobald die Anzeige wieder leer ist, kann im "Initial Data"-Fenster auf die Fläche "Go" geklickt werden und es müsste bei $Y = 3$ und $K = 4.5$ lediglich ein "." (der Fixpunkt) eingezeichnet werden. In der oberen Leiste von XPP gibt es eine Fläche "Data" (Data Viewer). Mit einem Klick auf diese Fläche sollte man für **jeden** Zeitwert "t" in der linken Spalte, in jeder Zeile für $Y = 3$ und $K = 4.5$ vorfinden. So wird sichergestellt, dass man sich auf einen Fixpunkt befindet.

Findet man dies so vor, sind die nächsten Schritte die folgenden:

1. in der linken Kommandoleiste klicke man auf den Menupunkt "File" (es öffnen sich mehrere Optionen)

2. unter diesen Optionen befindet sich das Wort "Auto", auf das man dann klickt (es öffnet sich seperat das Programm AUTO)

3. in AUTO wähle man unter dem Menupunkt "Parameters" als "*Par1" unbedingt alpha (Systemparameter!)

4. unter dem Menupunkt "Axes" gehe man auf "hI-lo" und richte sich die Achsen ein.

5. unter dem Menupunkt "Numerics" gebe man seinen minimalen/maximalen Parameterwert sowie die Schrittweiten an (Nmax = 300 habe ich gewählt)

6. als nächstes klicke man auf "Run" und danach die Option "steady state" (es wird eine Horizontale bei $Y = 3$ eingezeichnet)

7. Anschließend klicke man auf "Grab" , um entlang dieser Horizontalen zu *wandern*.

8. Man *wandere* so lange, bis unten in der Anzeige unter "Ty" das Kürzel "HB" (Hopfpunkt) steht.

9. Ist man hier angekommen (durch klicken der Pfeiltaste "->") , klicke man die "Entertaste" um diesen Punkt zu *fixieren*.

10. Nun klicke man auf "Run" und anschließend "Periodic".

Wurde alles richtig gemacht, sieht man jetzt das Verzweigungsdiagramm (Abbildung 3.7) vor sich.

Literatur

[1] Aulbach B. , *Gewöhnliche Differenzialgleichungen* , *Spektrum* Verlag , München, **2004** (2.Auflage) , pp. 406-415

[2] Bosch S. , *Lineare Algebra* , *Springer* Verlag , **2006** (3. Auflage)

[3] Chang W.W. , Smyth D.J. , *The Existence and Persistence of Cycle in a Non-linear Model: Kaldor's 1940 Model Re-examined*, THE REVIEW OF ECONOMIC STUDIES VOL. 38 , **1971** , pp. 37-44

[4] Chow S. , Chengzhi L. , Wang D. , *Normal Forms and Bifurcation of Planar Vector Fields* , Cambridge University Press, **1994** , pp. 211ff.

[5] Dana R.A. , Malgrange P. , *The dynamics of discrete version of a growth cycle model*, CREPREMAP, CNRS, Paris, **1984** , pp. 115-142

[6] Funk P. , *Notizen zur Vorlesung "Grundzüge der Makroökonomik"* , Universität zu Köln, **2010** , p. 205 ((10.1) und (10.2))

[7] Gandolfo G. , *Economics Dynamics* , *Springer* Verlag , Heidelberg , **2010** , pp. 441ff

[8] Guckenheimer J. , Holmes P. , *Nonlinear Oscillations, Dynamical Systems, and Bifurcation of Vector Fields, Springer* Verlag, New York-Berlin-Heidelberg, **1983**

[9] Herrmann R. , *Vergleich der dynamischen Eigenschaften stetiger und diskreter zweidimensionaler Konjunkturmodelle* , Disseratation Göttingen , **1986** , pp. 89ff

[10] Hicks John R. , *Mr Keynes and the Classics. A Suggested Interpretation*; ECONOMETRICA ; 5 , 1937 , pp. 147-159

[11] Keynes John Maynard , *The General Theory of Employment, Interest and Money* , **1936**; Wiederauflage: Harcourt, New York; **1964**

[12] Kim Hee-chan, *A re-examination of Kaldor's non-linear business cycle model* , The University of Queensland (School of Economics) , Honours Thesis , **2001**

[13] Kydland Finn E. , Prescott Edward C. , *Time to Build and Aggregate Fluctuations*; ECONOMETRICA; 50 (6) , **1982**

[14] Lorenz H.-W. , *Nonlinear Dynamical Economics and Chaotic Motion, Springer* Verlag, Berlin, **1993**, pp. 96-105

[15] Marx B., Vogt W. , *Dynamische Systeme - Theorie und Numerik* , *Spektrum* Verlag, Heidelberg, **2011**, pp. 141-145

[16] McCandless G. , *The ABCs of RBCs: An Introduction to Dynamic Macroeconomic Models* , Harv.rd U.ty Press , **2008**

[17] Mircea G. , Neamtu M. , Cismas L. , Opris D. , *Kaldor-Kalecki stochastic model of business cycles,* RECENT ADVANCES in MATHEMATICS and COMPUTERS in BUSINESS, ECONOMICS, BIOLOGY & CHEMISTRY , **2011**, p. 3

[18] Moiola, J. und Chen, G. , *Hopf Bifurcation Analysis A Frequency Domain Approach* , WORLD SCIENTIC SERIES ON NONLINEAR SCIENCE (Series A Vol.21) , London, **1996** , p.19.

[19] Rocsoreanu C. , Sterpu M. , *BIFURCATION IN A NONLINEAR BUSINESS CYCLE MODEL* , ROMAI J. , 5 , Universität Craiova Rumänien, **2009** , p. 2

[20] Solow Robert M. , *A Contribution to the Theory of Economic Growth* ; QUARTERLY JOURNAL OF ECONOMICS; 70 (1) , **1956** , pp. 65-94